Shantam Vijayputra

Sous-titrage automatique des images

Shantam Vijayputra

Sous-titrage automatique des images

Application qui génère du texte à partir d'images

ScienciaScripts

Imprint

Any brand names and product names mentioned in this book are subject to trademark, brand or patent protection and are trademarks or registered trademarks of their respective holders. The use of brand names, product names, common names, trade names, product descriptions etc. even without a particular marking in this work is in no way to be construed to mean that such names may be regarded as unrestricted in respect of trademark and brand protection legislation and could thus be used by anyone.

Cover image: www.ingimage.com

This book is a translation from the original published under ISBN 978-620-2-52067-6.

Publisher:
Sciencia Scripts
is a trademark of
Dodo Books Indian Ocean Ltd., member of the OmniScriptum S.R.L Publishing group
str. A.Russo 15, of. 61, Chisinau-2068, Republic of Moldova Europe
Printed at: see last page
ISBN: 978-620-0-86439-0

<u>ABSTRACT</u>

L'automatisation du sous-titrage, c'est-à-dire la création de la description linguistique d'une image à l'aide de n'importe quel traitement du langage naturel, est une tâche difficile. Elle exige une bonne maîtrise du traitement de l'image et du traitement du langage naturel. Le présent rapport examine les différentes techniques disponibles qui servent de modèles pour le sous-titrage des images. Les progrès de la technologie en termes de reconnaissance d'objets et d'apprentissage machine ont beaucoup amélioré les performances du modèle de sous-titrage d'images ces dernières années. En outre, nous tenterons d'aborder les différentes techniques et algorithmes permettant de construire ce modèle. En fin de compte, l'évaluation du modèle joue un rôle important qui sera utile pour déterminer quel algorithme convient le mieux dans le scénario. Il existe des techniques qui peuvent être utilisées pour évaluer les performances telles que la matrice de confusion, le score f1, mais dans ce cas, les données sont basées sur le langage naturel, de sorte qu'il existe certains types de techniques spéciales qui peuvent être utilisées telles que Microsoft COCO et Flickr30K.

ORGANISATION DU LIVRE

Ce livre est une marche à suivre pour résoudre un problème qui peut nous aider à décrire le contenu de l'image en langage naturel. Il comprend les principales étapes du processus global, c'est-à-dire le processus d'entrée, la manipulation des données et le calcul algorithmique, suivis du processus de sortie, qui sera décrit plus tard comme l'encodeur et le décodeur, mais il n'est pas nécessaire de s'en préoccuper car il sera expliqué clairement dans les sections suivantes.

L'architecture combinée aboutira à la formation d'un classificateur formé qui aidera à généraliser le concept et à l'utiliser dans les défis du monde réel.

Ce livre comprend 6 grandes sections, qui vous guideront pas à pas vers les recherches et les résultats. Ces sections sont les suivantes :

1) Introduction
2) Analyse des besoins
3) Élaboration de la recherche
4) Conception du système
5) Résultats ou conclusions
6) Conclusions

TABLE DES MATIÈRES

CHAPITRE 1 : INTRODUCTION

BACKGROUND

Avec le développement rapide du multimédia et des technologies de réseau, les sources de données d'images augmentent continuellement.

Une image contient une grande quantité d'informations. Les humains sont capables d'analyser cette grande quantité d'informations d'un seul coup d'œil. Les humains utilisent normalement les langues naturelles pour décrire une image. Chaque individu peut générer une légende différente pour la même image.

Notre objectif est de réaliser la même tâche avec des machines qui seront utiles pour diverses tâches, par exemple en aidant les personnes malvoyantes à mieux comprendre le contenu des images sur le web. Les descriptions en langage naturel générées par les machines pour une image ont suscité un grand intérêt dans la communauté de la vision par ordinateur. Elle est également appelée "sous-titrage d'images". La génération de sous-titres d'images avec une machine requiert une brève compréhension du traitement du langage naturel et la capacité d'identifier et de relier les objets dans une image. Une description doit non seulement capturer les objets contenus dans une image, mais aussi exprimer au mieux les relations entre ces objets ainsi que leurs attributs et les activités auxquelles ils participent.

La génération de légendes d'images est le problème difficile de l'intelligence artificielle qui consiste à générer une description textuelle lisible par l'homme d'une image donnée. Il nécessite à la fois une compréhension de l'image dans le domaine de la vision par ordinateur et une modélisation du langage dans le domaine du traitement du langage naturel (TLN).

BREF HISTORIQUE DE LA TECHNOLOGIE/CONCEPT

CNN

Les CNN utilisent relativement peu de prétraitement par rapport aux autres algorithmes de classification d'images. Cela signifie que le réseau apprend les filtres qui, dans les algorithmes traditionnels, faisaient partie de l'apprentissage profond. Un réseau neuronal convolutif (CNN, ou ConvNet) est une classe de réseaux neuronaux profonds, le plus souvent appliqués à l'analyse d'images visuelles.

Les CNN utilisent une variante des perceptrons multicouches conçue pour ne nécessiter qu'un prétraitement minimal. Ils sont également connus sous le nom de réseaux neuronaux artificiels à invariance de décalage ou à invariance spatiale (SIANN), en raison de leur architecture à poids partagés et de leurs caractéristiques d'invariance de traduction

Les réseaux convolutionnels ont été inspirés par le processus biologique en ce sens que le schéma de connectivité entre les neurones ressemble à l'organisation du cortex animal-visuel. Les neurones corticaux individuels ne répondent aux stimuli que dans une région restreinte du champ visuel appelée champ de vision. Les champs de réception des différents neurones se chevauchent partiellement de sorte qu'ils couvrent la totalité du champ visuel conçu. Cette indépendance par rapport aux connaissances préalables et à l'effort humain dans la conception des caractéristiques est un avantage majeur.

Ils ont des applications dans la reconnaissance d'images et de vidéos, les systèmes de recommandation,[5] la classification d'images, l'analyse d'images médicales et le traitement du langage naturel.

RNN

Un réseau neuronal récurrent (RNN) est une classe de réseau neuronal artificiel où les connexions entre les nœuds forment un graphe dirigé le long d'une séquence. Cela lui permet de présenter un comportement dynamique temporel pour une séquence temporelle. Contrairement aux réseaux neuronaux à action anticipée, les RNN peuvent utiliser leur état interne (mémoire) pour traiter des séquences d'entrées. Cela les rend applicables à des tâches telles que la reconnaissance d'écriture non segmentée et connectée ou la reconnaissance vocale.

Le terme "réseau neuronal récurrent" est utilisé sans discernement pour désigner deux grandes classes de réseaux ayant une structure générale similaire, où l'un est à impulsion finie et l'autre à impulsion infinie. Les deux classes de réseaux présentent un comportement dynamique temporel. Un réseau récurrent à impulsions finies est un graphe acyclique dirigé qui peut être déroulé et remplacé par un réseau neuronal strictement à action directe, tandis qu'un réseau récurrent à impulsions infinies est un graphe cyclique dirigé qui ne peut être déroulé.

Les réseaux à impulsion finie et à impulsion infinie récurrente peuvent tous deux avoir un état stocké supplémentaire, et le stockage peut être sous le contrôle direct du réseau neuronal. Le stockage peut également être remplacé par un autre réseau ou graphique, si celui-ci intègre des délais ou des boucles de rétroaction. Ces états contrôlés sont appelés "gated state" ou "gated memory", et font partie des réseaux de mémoire à long terme et à court terme (LSTM) et des unités récurrentes gated.

DEMANDES

L'application et sa compréhension s'avèrent être une phase très critique de toute recherche et de ses développements car tout ce que vous faites doit avoir un sens et avoir un impact sur notre société et notre vie quotidienne pour l'améliorer et c'est la raison pour laquelle les applications sont importantes.

Dans cette section, nous nous concentrons principalement sur la liste des applications ou des scénarios potentiels sur lesquels notre méthodologie peut avoir un impact pour améliorer et faciliter la vie :

- Il sera probablement utilisé dans les cas/champs où le texte est le plus utilisé et à l'aide de celui-ci, nous pouvons déduire/générer du texte à partir d'images automatiquement.

- Peut être utilisé comme résumé de texte en utilisant la PNL pour plusieurs images ensemble. Les mêmes avantages peuvent être obtenus par les personnes qui bénéficieraient d'un aperçu automatisé à partir d'images.

- Un cas d'utilisation légèrement (pas tellement) à long terme l'est certainement. Expliquer ce qui se passe dans une vidéo image par image, car dans les vidéos, chaque image n'est rien d'autre qu'une image.

- Il aiderait à servir les personnes malvoyantes par de nombreuses méthodes telles que la mise en situation à l'aide de textes générés et le text to speech, pourrait aider à détecter des objets dans les feux de signalisation et les aider à orienter la suite de la procédure.

CHAPITRE 2 : ANALYSE DES BESOINS

DESCRIPTION GÉNÉRALE

Cette section fournit le matériel requis et sa nécessité, comme les exigences en matière de matériel, de logiciels et de fonctionnalités pour mener à bien le projet. Une brève description des exigences du système et de leurs spécifications est donnée ci-dessous.

PERSPECTIVE DU PRODUIT

Notre projet est une application basée sur l'apprentissage approfondi qui peut être utilisée sur un système local et même sur le nuage si elle est déployée. Les composants logiciels qui ont été utilisés pendant la recherche et pour supporter le système comme Python, Dash, IDLE etc. seront discutés en détail ci-dessous.

EXIGENCES DU SYSTÈME

BESOINS EN MATÉRIEL

- RAM 6GB
- CARTE GRAPHIQUE NVIDIA GTX 1050
- INTEL CORE-I7
- CUDA GPU 9.O

LES EXIGENCES EN MATIÈRE DE LOGICIELS

EXIGENCES FONCTIONNELLES ET EXIGENCES NON FONCTIONNELLES

Les exigences fonctionnelles du système sont les suivantes

1. L'utilisateur doit pouvoir charger les échantillons d'image pour la formation et le test.
2. L'image d'entrée doit être filtrée du bruit.
3. À partir de l'image d'entrée filtrée du bruit, un vecteur de caractéristique doit être créé.
4. En analysant le vecteur de caractéristique, il convient d'éliminer les contenus supplémentaires
5. La perte de la classification doit être mesurée.

LES EXIGENCES NON FONCTIONNELLES DU SYSTÈME SONT LES SUIVANTES

1. **Portabilité** : Le produit peut fonctionner dans WINDOWS/LINUX.
2. **Modularité** : Le système est développé de manière modulaire, de sorte que toute nouvelle fonctionnalité peut être ajoutée ultérieurement.
3. Perte : la perte du système proposé ne doit pas être supérieure au seuil.
4. **Robuste** : Le système doit être robuste contre les défaillances

Chaque fois que nous construisons quelque chose, nous prenons une mesure forte pour comprendre ce dont l'utilisateur a réellement besoin dans le produit, cela aide à comprendre la nécessité de ce que nous essayons de faire à long terme.

Vous trouverez ci-dessous quelques exemples qui peuvent être pris en considération lors de la création de telles applications, pas nécessairement les mêmes mais proches.

LES BESOINS DES UTILISATEURS

Les exigences du produit sont indiquées ci-dessous comme cas d'utilisation

ID	Exigence
EXIGENCE 1	Les images de formation et d'essai
EXIGENCE 2	L'image doit être correctement recadrée et exempte de bruit

EXIGENCE 3	L'image doit être en couleur
EXIGENCE 4	L'image de la formation doit être d'une dimension appropriée selon l'architecture
EXIGENCE 5	La prédiction pour les images inconnues doit être affichée

CHAPITRE 3 : ÉLABORATION DE LA RECHERCHE

Cette section du livre présente différentes stratégies et approches pour développer le modèle généralisé de l'architecture qui est l'encodeur et le décodeur.

Il peut y avoir beaucoup d'approches et de méthodes pour accomplir une tâche ; certaines peuvent être faciles et d'autres difficiles. C'est pourquoi j'ai généralisé toutes les approches et les ai classées dans des sous-catégories, ce que nous ferons partie par partie. Cette approche vous semblera familière car ce que j'essaie de faire n'est rien d'autre que de diviser pour mieux régner et j'ai trouvé cela personnellement très utile car on peut essayer de résoudre un gros problème à la fois et on peut ou non obtenir un succès mais le même problème, lorsqu'il est divisé en sous-problèmes, les complications deviennent très petites et avec une petite complication, notre esprit peut mieux se concentrer. Une fois que tous les sous-problèmes sont résolus, nous pouvons combiner toutes les solutions pour résoudre un seul grand problème.

J'ai donc subdivisé notre problème en plusieurs sous-parties, car les sections qui participent au développement sont celles mentionnées ci-dessous et seront discutées en détail au fur et à mesure que nous avancerons dans la section.

Les sous-catégories sont les suivantes :

- Collecte de données.
- Bâtiment du vocabulaire.
- Extraction d'éléments d'images.
- Comprendre l'approche des réseaux de neurones comme un décodeur

3.1 COLLECTE ET RASSEMBLEMENT DES DONNÉES

En parcourant l'internet, nous pouvons trouver de multiples sources et collections de bases de données qui fournissent une grande variété d'ensembles de données, mais choisir l'une d'entre elles est un grand défi car les performances de votre application dépendent entièrement de la qualité de l'ensemble de données.

Lorsque vous considérez un ensemble de données provenant de certaines sources, vous ne pouvez pas comprendre s'il est correct ou non jusqu'à ce que votre application ne fonctionne pas comme vous l'espériez et à ce moment-là, vous pouvez être sûr que ce problème est causé par les données que vous avez choisies ou qu'il y a un problème dans vos algorithmes.

C'est pourquoi il est toujours bon de mesurer la qualité de l'ensemble de données avant d'aller plus loin et une fois que vous avez terminé, croyez-moi, vous êtes déjà à mi-chemin de votre solution.

Pour mesurer la qualité des données, on utilise six types de paramètres spéciaux qui aident à décider et à mesurer la qualité et qui sont mentionnés ci-dessous :

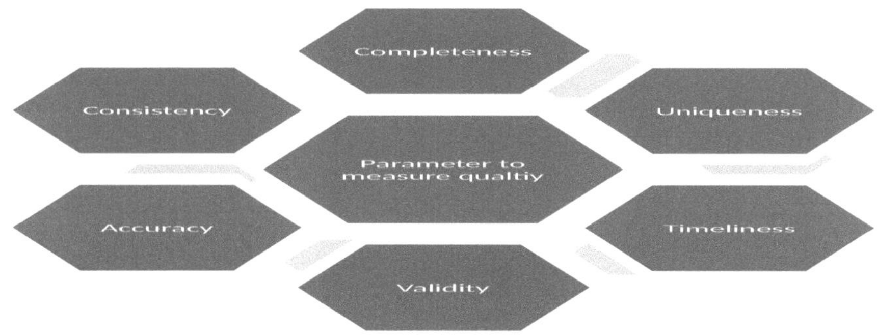

Figure 1 : Paramètre de mesure de la qualité

3.1.1 COMPLÉTUDE

Titre	Complétude
Définition	La proportion de données stockées par rapport au potentiel "complet à 100 %".
Référence	Des règles commerciales qui définissent ce que représente "100% complet".
Mesure	Une mesure de l'absence de valeurs vides (chaîne nulle ou vide) ou de la présence de valeurs non vides.
Champ d'application	0-100% des données critiques à mesurer dans tout élément de données, enregistrement, ensemble de données ou base de données
Unité de mesure	Pourcentage
Type de mesure : (évaluation, Continue, discrète)	Évaluation seulement
Dimension connexe	Validité et exactitude
Caractère facultatif	Si une donnée est obligatoire, l'exhaustivité sera de 100%, cependant, des contrôles de validité et d'exactitude devront être effectués pour déterminer si la donnée a été complétée correctement

3.1.2 UNICITÉ

Titre	Caractère unique
Définition	Rien ne sera enregistré plus d'une fois en fonction de la manière dont cette chose est identifiée.
Référence	Élément de données mesuré par rapport à lui-même ou à son homologue dans un autre ensemble de données ou une autre base de données.
Mesure	Analyse du nombre de choses évaluées dans le "monde réel" par rapport au nombre d'enregistrements de choses dans l'ensemble des données. Le nombre réel de choses pourrait être déterminé soit à partir d'un ensemble de données différent et peut-être plus fiable, soit à partir d'un comparateur externe pertinent.
Champ d'application	Mesuré par rapport à tous les enregistrements d'un même ensemble de

	données
Unité de mesure	Pourcentage
Type de mesure : (évaluation, continue, discrète)	Discret
Dimension connexe	Cohérence
Caractère facultatif	En fonction des circonstances

3.1.3 L'OPPORTUNITÉ

Titre	Actualité
Définition	La mesure dans laquelle les données représentent la réalité à partir du moment requis.
Référence	L'heure à laquelle l'événement réel enregistré s'est produit.
Mesure	Décalage horaire
Champ d'application	Tout élément de données, enregistrement, ensemble de données ou base de données.
Unité de mesure	Heure
Type de mesure : (évaluation, continue, discrète)	Évaluation et continuité
Dimension connexe	Précision car elle se dégrade inévitablement avec le temps.
Caractère facultatif	Facultatif en fonction des besoins de l'entreprise.

3.1.4 VALIDITÉ

Titre	Validité
Définition	Les données sont valables si elles sont conformes à la syntaxe (format, type, plage) de leur définition.
Référence	Règles de base de données, de métadonnées ou de documentation concernant les types autorisés (chaîne, entier, virgule flottante, etc.), le format (longueur, nombre de chiffres, etc.) et la plage (minimum, maximum ou contenu dans un ensemble de valeurs autorisées).
Mesure	Comparaison entre les données et les métadonnées ou la documentation de l'élément de données

Champ d'application	La validité de toutes les données peut généralement être mesurée. La validité s'applique au niveau de l'élément de données et au niveau de l'enregistrement (pour les combinaisons de valeurs valides).
Unité de mesure	Pourcentage de données jugées valides à invalides.
Type de mesure : - Évaluation - Continue - Discrète	Évaluation, continue et discrète
Caractère facultatif	Obligatoire
Applicabilité	-------------------------------------

3.1.5 PRÉCISION

Titre	Précision
Définition	La mesure dans laquelle les données décrivent correctement l'objet ou l'événement du "monde réel" qui est décrit.
Référence	Idéalement, la vérité du "monde réel" est établie par la recherche primaire. Cependant, comme cela n'est souvent pas pratique, il est courant d'utiliser des données de référence de tiers provenant de sources jugées fiables et de même chronologie.
Mesure	La mesure dans laquelle les données reflètent les caractéristiques de l'objet ou des objets du monde réel qu'elles représentent
Champ d'application	Tout objet du "monde réel" qui peut être caractérisé ou décrit par des données, détenu en tant qu'élément de données, enregistrement, ensemble de données ou base de données.
Unité de mesure	Le pourcentage d'entrées de données qui respectent les règles d'exactitude des données.
Type de mesure (évaluation, continue, discrète)	L'évaluation, par exemple la recherche primaire ou la référence à des données fiables. Mesure continue, par exemple l'âge des élèves, calculé à partir de la relation entre la date de naissance des élèves et la date du jour. Mesure discrète, par exemple la date de naissance enregistrée.
Dimension connexe	La validité est une dimension connexe car, pour être exactes, les valeurs doivent être valides, la bonne valeur et dans la bonne représentation.
Caractère facultatif	Obligatoire car - lorsqu'elles sont inexactes - les données peuvent ne pas être utilisables.

3.1.6 COHÉRENCE

Titre	Cohérence
Définition	L'absence de différence, lorsque l'on compare deux ou plusieurs représentations d'une chose par rapport à une définition.
Référence	Élément de données mesuré par rapport à lui-même ou à son homologue dans un autre ensemble de données ou une autre base de données.
Mesure	Analyse de la fréquence des modèles et/ou des valeurs.
Champ d'application	Évaluation des choses à travers de multiples ensembles de données et/ou évaluation des valeurs ou des formats des éléments de données, des enregistrements, des ensembles de données et des bases de données. Processus incluant des personnes, automatisés, électroniques ou sur papier.
Unité de mesure	Pourcentage.
Type de mesure : - Évaluation - Continue - Discrète	Évaluation et discrétion.
Dimension(s) liée(s)	Validité, exactitude et caractère unique
Caractère facultatif	Il est possible d'avoir une cohérence sans validité ni exactitude.

En considérant les paramètres ci-dessus, les deux sources ont été réduites, à savoir les données Coco et les données Flicker30k. Dans ce livre, nous ferons référence à l'ensemble de données Coco et à son API pour le prétraitement avec le vocabulaire.

On peut se poser la question suivante : "pourquoi voulons-nous utiliser l'ensemble de données sur le coco, pourquoi pas les autres et qu'est-ce que cela a de si particulier ? Il est clair que nous devons comprendre que l'ensemble de données dépend de l'énoncé du problème et de sa catégorie et qu'il variera certainement selon les scénarios. Voici donc quelques points clés qui sont mentionnés ci-dessous pour comprendre nos besoins et pourquoi nous allons utiliser le coco.

Le COCO est un ensemble de données de détection, de segmentation et de sous-titrage d'objets à grande échelle. COCO présente plusieurs caractéristiques :

- Segmentation des objets
- Reconnaissance dans le contexte
- La segmentation des super-pixels
- Images 330K (>200K étiquetées)
- 1,5 million d'instances d'objets
- 80 catégories d'objets
- 91 catégories de produits
- 5 légendes par image
- 250 000 personnes avec des points clés

Ainsi, en observant tous ces points, nous pouvons dire que le coco a une grande variété et qu'il a un grand nombre d'exemples étiquetés, c'est-à-dire 200 000 pour être précis, ce dont nous avons le plus besoin. Plus les données étiquetées sont bonnes, plus le résultat sera bon et nous ne voulons pas que notre application prévoie de faux résultats.

Maintenant, voici la partie qui doit être traitée avec beaucoup de soin, à savoir la construction du vocabulaire. Pourquoi faut-il construire du vocabulaire ? Pour répondre à cette question, nous devons considérer un exemple.

Notre esprit n'est pas limité comme les machines, même si nous n'avons pas le mot correct, nous pouvons trouver quelque chose de significatif à expliquer, mais ce n'est pas le cas avec les machines, si le système ne sait pas, il ne le saura jamais tant que nous ne lui fournirons pas plus de données.

Pour que notre système fonctionne, nous devons l'alimenter avec des vocabulaires qui représentent le contenu que nous fournissons et nous en avons besoin autant que possible.

3.2 CONSTRUCTION DU VOCABULAIRE

La construction du vocabulaire est une partie où l'ensemble de données du vocabulaire est créé pour les légendes qui représentent l'ensemble de données de l'image. Chaque application de communication nécessite du vocabulaire et tous les mots choisis seront issus de l'ensemble de données de vocabulaire du dictionnaire. Dans le dictionnaire de vocabulaire, chaque mot sera indexé en fonction de la fréquence de son occurrence. Nous créons un paramètre appelé valeur seuil où si la fréquence du mot est inférieure à la valeur seuil, cela signifie que ce mot est moins requis dans le scénario de l'application. Si elle dépasse le seuil, nous conservons le mot.

La création du dictionnaire des mots comporte des étapes qui jouent un rôle essentiel dans le processus de sélection des mots, qui sont examinées ci-dessous :

3.2.1. LA SYMBOLIQUE DES SOUS-TITRES

Cette procédure exige des connaissances en matière de traitement du langage naturel et c'est la plus connue. Cette étape nécessite la phrase complète de la légende en entrée et produit un vecteur de mots en sortie et chaque mot est considéré comme un jeton, donc appelé tokenisation.

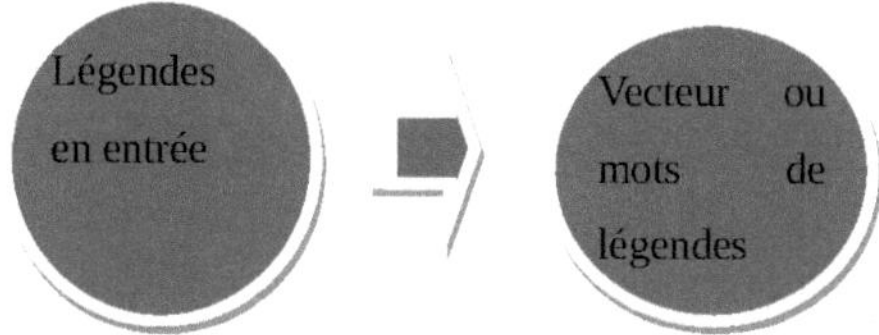

La tokenisation peut être définie comme le processus de division du texte en parties plus petites appelées "tokens" et est considérée comme une étape cruciale de la PNL. L'argument de cette fonction sera le texte qui doit être symbolisé.

Les défis de la symbolisation dépendent du type de langue. Les langues telles que l'anglais et le français sont dites "à espacement" car la plupart des mots sont séparés les uns des autres par des espaces blancs. Des langues comme le chinois et le thaï sont dites non segmentées car les mots ne sont pas clairement délimités. La segmentation des phrases d'une langue nécessite des informations lexicales et morphologiques supplémentaires. La tonalité est également influencée par le système d'écriture et la structure typographique des mots. Les structures des langues peuvent être regroupées en trois catégories :

Isoler : Les mots ne se divisent pas en petites unités. Exemple : Chinois mandarin

Agglutinante : Les mots se divisent en petites unités. Exemple : Japonais, Tamoul

Inflexionnel : Les limites entre les morphèmes ne sont pas claires et sont ambiguës en termes de sens grammatical. Exemple : le latin.

Si l'on considère la langue comme étant l'anglais, l'étape de la symbolisation se heurte parfois à des difficultés dues à la complexité des mots que nous appelons généralement "stop words" et qui seront brièvement abordés dans la prochaine section du document.

3.2.2 MOTS VIDES ET VECTEURS DE SEUIL

2]Les mots d'arrêt aussi connus sous le nom de NLTK Stop words, Natural Language Processing with Python Le traitement du langage naturel (nlp) est un domaine de recherche qui présente de nombreux défis tels que la compréhension du langage naturel. Le texte peut contenir des mots d'arrêt tels que "le", "est" et "sont". Les mots d'arrêt peuvent être filtrés à partir du texte à traiter.

Il existe de nombreux outils disponibles en open source qui aident à filtrer les mots d'arrêt des phrases, considérant que les mots d'arrêt NLTK en python consistent en un ensemble de données de mots d'arrêt qui peuvent être utilisés pour filtrer le mot.

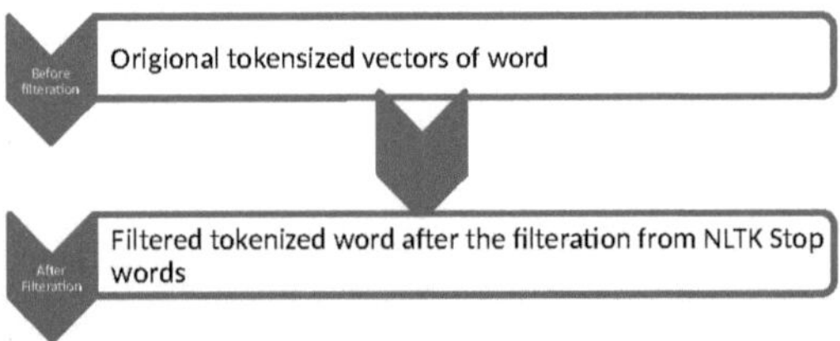

Après le traitement des vecteurs en supprimant les mots inutiles tels que les mots d'arrêt, nous choisissons une valeur seuil, ces valeurs sont choisies en expérimentant sur les valeurs des données ou en considérant l'approche statistique pour déterminer le seuil.

Une fois que le seuil est décidé, les mots qui se trouvent au-dessus des valeurs seuils sont pris en compte uniquement et ceux qui se trouvent en dessous de la valeur seuil ne sont pas pris en compte pour le dictionnaire et la dernière étape sera de transférer le vocabulaire dans un fichier pour les utilisations ultérieures.

Vous trouverez ci-dessous les captures d'écran du processus pendant que le vocabulaire était créé dans le carnet Jupiter.

Création de vocabulaire :

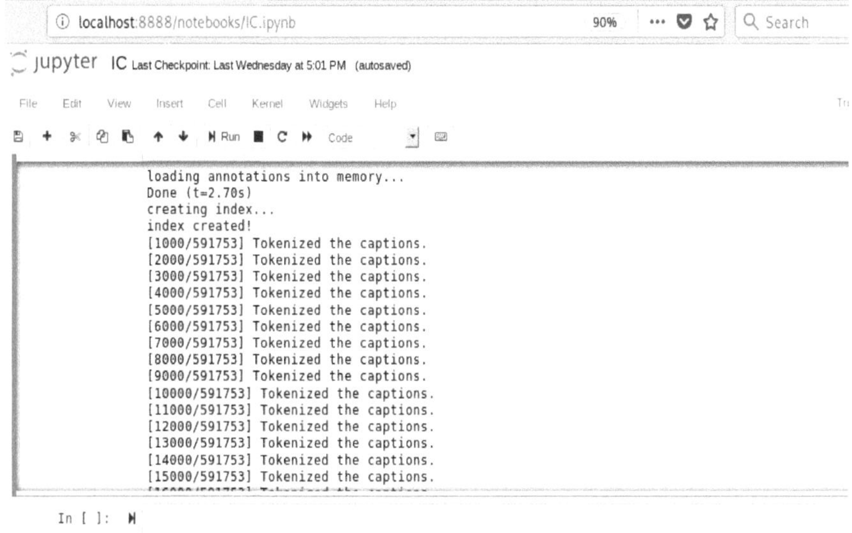

Figure 2 : Construction du vocabulaire

3.3 EXTRACTION DE CARACTÉRISTIQUES À PARTIR D'IMAGES

3][4] L'extraction de caractéristiques à partir d'images/trames est considérée comme le plus grand défi dans le monde de la vision par ordinateur. Les caractéristiques ne sont rien d'autre que les valeurs des pixels, ce qui joue un rôle majeur dans la distinction des problèmes.

Par le processus d'extraction, nous arrivons à deux processus spéciaux que nous avons appelés convolution et maxpooling et leurs couches sont considérées comme étant la couche de convolution et la couche de maxpooling.

L'image couleur est composée de trois couches différentes : Rouge, Vert, Bleu (RVB). Et parfois, il est très difficile de calculer avec ces trois couches, alors pour surmonter cette situation, nous convertissons les images de la couleur en échelle de gris.

21

Deux algorithmes courants sont utilisés lors de la conversion des images de la couleur à l'échelle de gris, qui sont abordés ci-dessous :

- **Technique de réduction des couleurs**

$$Y = (.299 * R) + (.587 * G) + (.114 * B) \qquad \sum_{i=0}^{n} \frac{(.299 * R_i) + (.587 * G_i) + (.114 * B_i)}{n}$$

- **Moyenne des pixels**

$$Y = (.333 * R) + (.333 * G) + (.333 * B) \qquad \sum_{i=0}^{n} \frac{(.333 * R_i) + (.333 * G_i) + (.333 * B_i)}{n}$$

Lorsque nous recueillons l'ensemble des données auprès de sources fiables, nous constatons que les données sont correctement organisées, filtrées et orientées. Tous les objets sont centralisés de manière à ce que l'objet puisse être facilement distingué. Mais ce n'est pas le cas dans le monde réel, à titre de démonstration, considérons les données ci-dessous (Image)

Figure 3 : Image de voiture (non recadrée) vs (recadrée)

Supposons que, pour un problème, nous devions concevoir un modèle qui devrait pouvoir détecter une voiture, mais qu'en données réelles, l'image de la voiture puisse être complètement inclinée ou recadrée à un certain angle. Notre modèle devrait être capable de prédire correctement l'image de la voiture même si elle est recadrée à un certain point.

La condition est valable pour l'orientation également, le modèle doit pouvoir classifier même si l'objet est désorienté, voir l'exemple ci-dessous.

Figure 4 : image de voiture (non recadrée et alignée) vs (recadrée et non alignée)

Pour surmonter ces problèmes, nous avons appliqué deux stratégies, à savoir le recadrage aléatoire et le retournement aléatoire. On peut dire que cela rend nos données un peu brouillonnes. Considérons une probabilité de seuil qui peut être aléatoire ou expérimentale. En utilisant cette probabilité, nous pouvons effectuer des recadrages et des retournements aléatoires. Par exemple, si la probabilité est de 0,2, cela signifie que chaque image a une variation de 20 % par rapport au recadrage et à l'inversion.

Grâce à cette approche, notre ensemble de données sera prêt pour les données compliquées. Toutes ces étapes impliquent une phase appelée transformation ; la phase suivante sera l'extraction proprement dite des caractéristiques de l'image.

3.3.1 COUCHE DE CONVOLUTION

L'étape de convolution implique une transformation à l'aide d'un noyau de convolution. Le noyau de convolution n'est rien d'autre qu'une matrice qui aide à l'extraction pixel par pixel. Les dimensions de la matrice de convolution doivent être passées comme paramètre avec la condition que la dimension du noyau de convolution soit inférieure à la dimension de l'image réelle et que la somme des éléments de la matrice du noyau soit égale à la valeur zéro.

CONVOLUTION KERNELS

A kernel is a matrix of numbers that modifies an image

0	-1	0
-1	4	-1
0	-1	0

edge detection filter

0 + -1 + 0 + -1 + 4 + -1 + 0 + -1 + 0 = **0**

Figure 5 : matrice du noyau

En utilisant la matrice du noyau, la couche de convolution est générée, en superposant la matrice à l'image et en multipliant les are sectionnels avec la matrice du noyau et en remplaçant le résultat par la valeur calculée dans la position du pixel cantonné précédent comme démontré ci-dessous dans l'image suivante.

CONVOLUTION

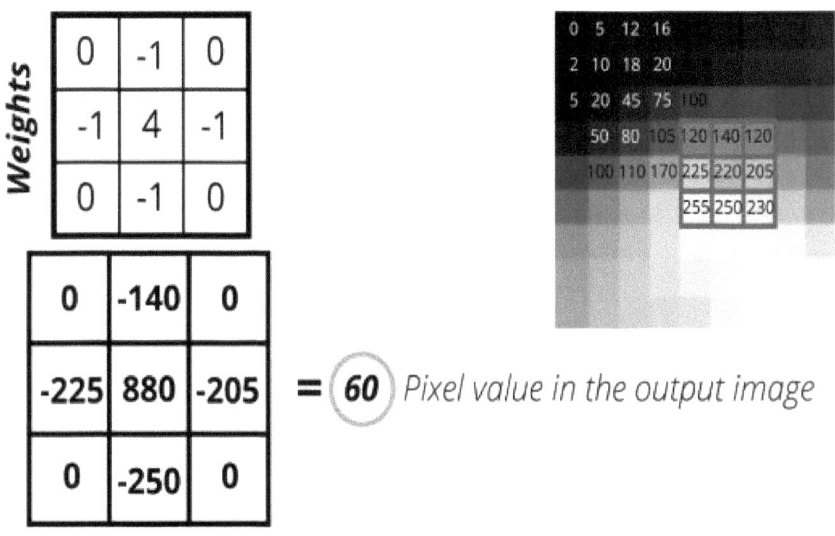

Figure 6 : convolution

Ce processus crée une couche d'image filtrée. S'il y a trois images filtrées, on peut dire qu'il s'agit d'une couche de coévolution avec la profondeur de trois. Parfois, ces couches de convolution sont utilisées pour diverses applications telles que la détection des bords, des mouvements, des coins, etc.

La sortie de la couche de convolution est utilisée comme entrée dans la couche de maxpooling, dont il sera question dans la section suivante.

3.3.2 COUCHE DE MISE EN COMMUN DES DONNÉES

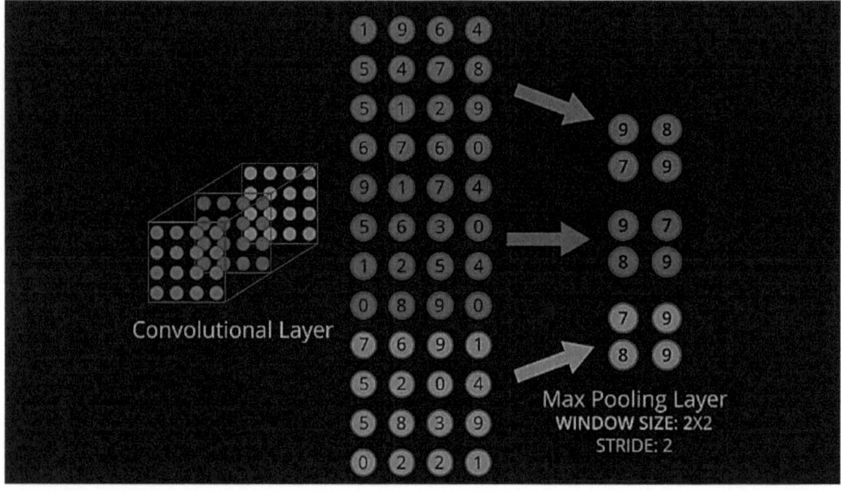

Figure 7 : Couche de mise en commun maximale

La couche de mise en commun est la couche qui n'est pas nécessairement mais qui peut venir après la couche de convolution. L'ordre de la convolution et de la couche de mise en commun peut varier selon les différentes architectures, ce qui sera abordé plus loin dans cette section.

La couche de maxpooling prend 2 types de paramètres tels que la taille de la fenêtre et la foulée. La taille de la fenêtre n'est rien d'autre que la taille de la matrice qui couvre la partie particulière de la matrice de l'image et la foulée est la taille qui saute après une certaine action dans les deux directions comme horizontalement et verticalement.

La taille de la fenêtre permet de sélectionner la valeur maximale disponible dans la taille de l'image qui est imposée par la matrice de la fenêtre et de passer à la fenêtre suivante en sautant à la taille de foulée suivante et le processus continue. À la fin de cette étape, la nouvelle couche filtrée sera disponible et sera appelée couche de maxpooling.

La couche de maxpooling conservera l'aspect exact, comme le montre la figure 6. Cette figure décrit l'extraction de la couche de maxpooling de la couche de convolution de profondeur sous la forme de trois couches filtrées.

Mais on peut se demander pourquoi une seule couche de convolution et une seule couche de mise en commun des données ou comment l'arrangement est organisé dans la couche. C'est pourquoi de nombreuses recherches sont en cours pour déterminer laquelle est la plus appropriée. Les recherches ont montré que chaque conception d'architecture semble bien fonctionner dans des cas différents, donc sur la base d'un scénario, l'architecture doit être considérée comme opérationnelle.

Dans notre cas, nous avons utilisé l'architecture Resnet-152 pour l'extraction de caractéristiques. Resnet est devenu célèbre lorsqu'il a remporté la classification [6][7]LSVRC2012 et a été considéré comme l'un des travaux les plus novateurs dans le domaine de la vision par ordinateur.

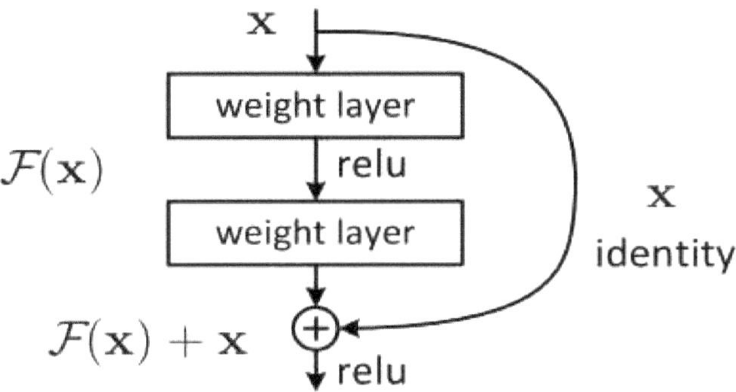

Figure 8 : Un bloc résiduel

L'idée centrale du ResNet est d'introduire une "connexion de raccourci d'identité" qui saute une ou plusieurs couches, comme le montre la figure 7 ci-dessous.

Outre ResNet, il existe d'autres architectures qui nous ont été utiles pour résoudre les problèmes de classification dans le domaine de la vision artificielle, comme le VGG, et il existe plusieurs versions, comme le VGG-16, le VGG-19 (qui est la dernière en date), etc.

Mais en ce qui concerne l'extraction de caractéristiques, ResNet-152 a obtenu des résultats exceptionnels. L'image ci-dessous décrit la différence entre l'architecture de Vgg et celle de ResNet.

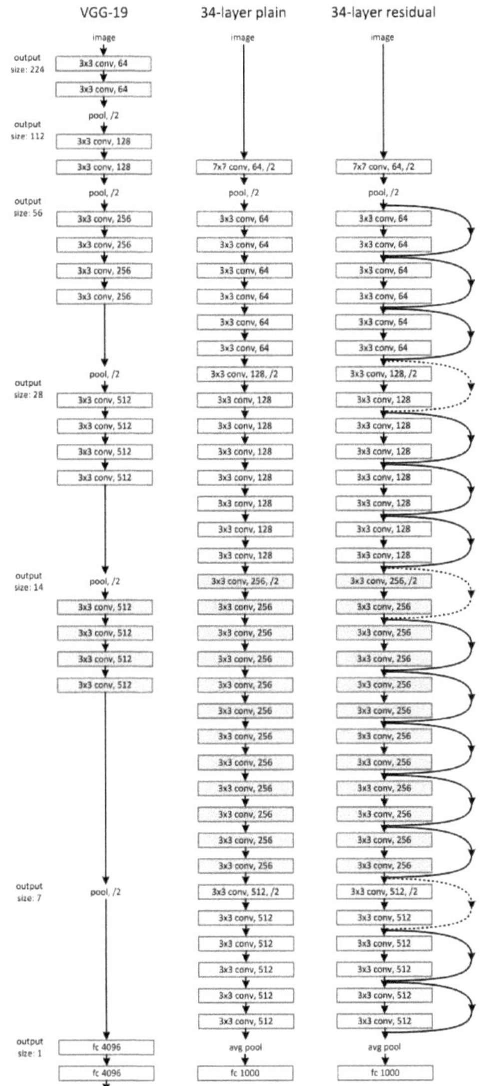

VGG-19
34-layer plain
34-layer residual
image
output size: 224
3x3 conv, 64
3x3 conv, 64
pool, /2
output size: 112
3x3 conv, 128
3x3 conv, 128
pool, /2
output size: 56
3x3 conv, 256
3x3 conv, 256
3x3 conv, 256
3x3 conv, 256
pool, /2
output size: 28
3x3 conv, 512
3x3 conv, 512
3x3 conv, 512
3x3 conv, 512
pool, /2
output size: 14
3x3 conv, 512
3x3 conv, 512
3x3 conv, 512
3x3 conv, 512
output size: 7
pool, /2
output size: 1
fc 4096
fc 4096
fc 1000
image
7x7 conv, 64, /2
pool, /2
3x3 conv, 64
3x3 conv, 64
3x3 conv, 64
3x3 conv, 64
3x3 conv, 64
3x3 conv, 64
3x3 conv, 128, /2
3x3 conv, 128
3x3 conv, 128
3x3 conv, 128
3x3 conv, 128
3x3 conv, 128
3x3 conv, 128
3x3 conv, 128
3x3 conv, 256, /2
3x3 conv, 256
3x3 conv, 256
3x3 conv, 256
3x3 conv, 256
3x3 conv, 256
3x3 conv, 256
3x3 conv, 256
3x3 conv, 256
3x3 conv, 256
3x3 conv, 256
3x3 conv, 256
3x3 conv, 512, /2
3x3 conv, 512
3x3 conv, 512
3x3 conv, 512
3x3 conv, 512
3x3 conv, 512
avg pool
fc 1000
image
7x7 conv, 64, /2
pool, /2
3x3 conv, 64
3x3 conv, 64
3x3 conv, 64
3x3 conv, 64
3x3 conv, 64
3x3 conv, 64
3x3 conv, 128, /2
3x3 conv, 128
3x3 conv, 128
3x3 conv, 128
3x3 conv, 128
3x3 conv, 128
3x3 conv, 128
3x3 conv, 128
3x3 conv, 256, /2
3x3 conv, 256
3x3 conv, 256
3x3 conv, 256
3x3 conv, 256
3x3 conv, 256
3x3 conv, 256
3x3 conv, 256
3x3 conv, 256
3x3 conv, 256
3x3 conv, 256
3x3 conv, 256
3x3 conv, 512, /2
3x3 conv, 512
3x3 conv, 512
3x3 conv, 512
3x3 conv, 512
3x3 conv, 512
avg pool
fc 1000

3.4 COMPRENDRE L'APPROCHE DES RÉSEAUX DE NEURONES COMME UN DÉCODEUR

Maintenant, nous avons extrait des caractéristiques de l'encodeur et ces caractéristiques seront utilisées dans le décodeur (LSTM) [5][8] comme entrée pour prédire les légendes lisibles en humain à l'aide du vocabulaire que nous avons construit.

LSTM est également connu sous le nom de Long-Short-Term-Memory qui est un peu de modification dans l'architecture RNN qui peut aider la mémoire à long terme. Si nous examinons l'architecture, nous ne serons peut-être pas en mesure de la comprendre, donc juste pour comprendre, l'architecture complète de LSTM est divisée en quatre portes, à savoir [5][8] la porte d'apprentissage, la porte d'oubli, la porte de mémoire et la porte d'utilisation. Comprenons chaque porte une par une et ensuite nous la regrouperons pour avoir une vue d'ensemble.

3.4.1 LA PORTE DE L'APPRENTISSAGE

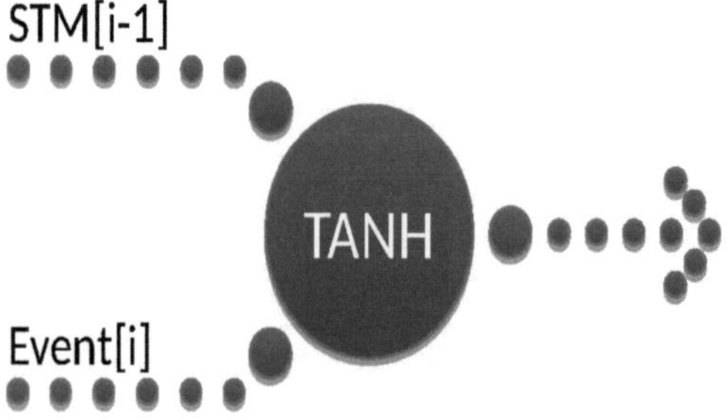

Le fonctionnement du portail d'apprentissage est le suivant : il prend une ancienne mémoire STM et effectue des opérations mathématiques avec l'événement en cours pour produire une nouvelle mémoire. Cette opération mathématique est une simple opération de Tanh qui sera expliquée ci-dessous.

$$N[i] = \tanh\left(W[i]\left(STM[i-1]\,\textit{Événement}[i]\right)+B\right)$$

Ici, tanh est une opération tangente hyperbolique sur la matrice des poids formée par STM [I-1] et l'événement [i] et additionnée au biais(B).

Parfois, il est important d'ignorer pour sauver la mémoire de contenus inutiles, pour ce faire, nous multiplions encore le facteur N[i] d'ignorance.

Ce facteur d'ignorance est calculé en effectuant une opération sigmoïde sur l'événement en cours avec la mémoire STM [i-1] précédente.

$$I = \sigma\left(W[i]\left(STM[I-1]\,\textit{Evénement}[i]\right)+B[i]\right)$$

$$N[i] -> N[i] * I$$

La porte d'apprentissage complète ressemblera à l'image ci-dessous Figure 10

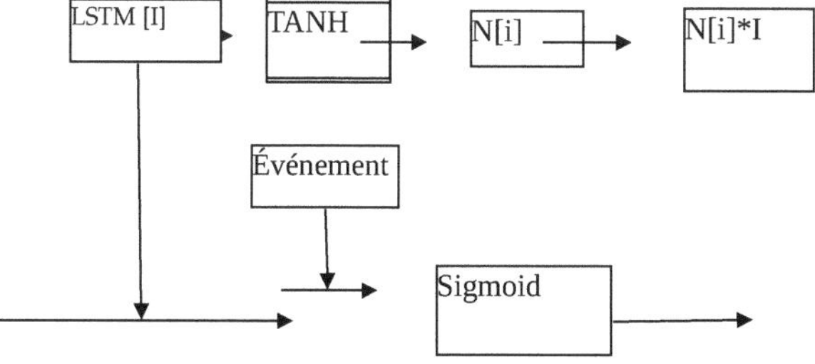

3.4.2 LA PORTE DE L'OUBLI

L'oubli est similaire au portail d'apprentissage et beaucoup plus simple en comparaison, il multiplie simplement la mémoire à long terme par le facteur d'oubli

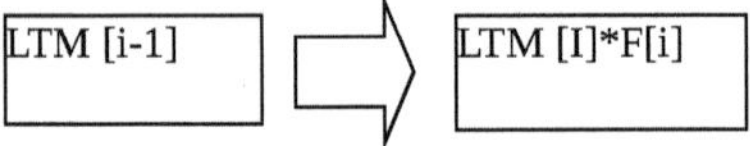

Le facteur d'oubli est calculé par l'opération sigmoïde avec la mémoire à court terme et l'événement en cours.

On peut l'expliquer mathématiquement :

$$F[i] = \sigma\big(W[i]\big(STM[I-1]\,Evénement[i]\big)+B[i]\big)$$

Dans l'ensemble, la porte de l'oubli complet ressemble à la démonstration ci-dessous :

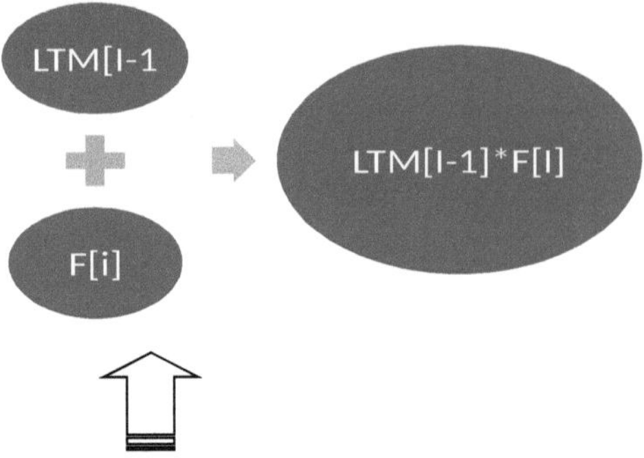

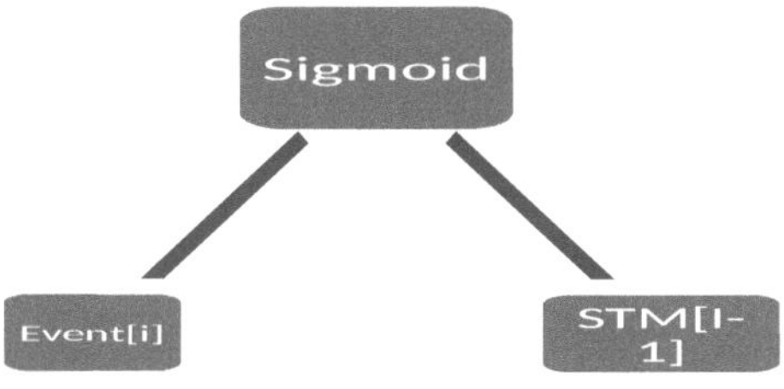

Figure 10 : Porte de l'oubli

3.4.3 SE SOUVENIR DE LA PORTE

La porte de mémorisation est l'une des portes les plus simples car elle prend deux paramètres qui sont la sortie de la porte d'apprentissage et la sortie de la porte d'oubli et les additionne.

Logiquement, la porte ressemble à ce qui suit

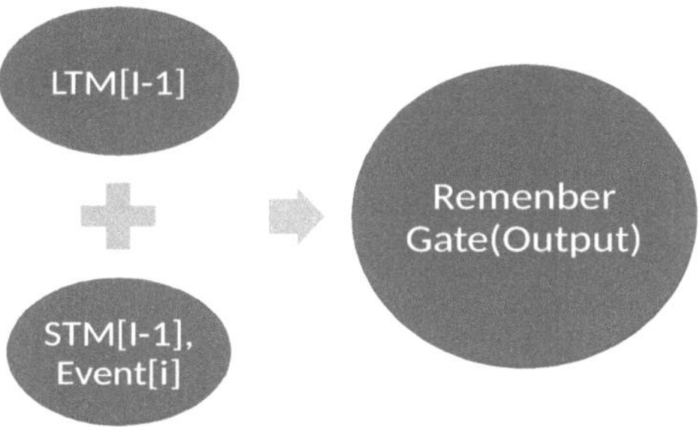

Figure 11 : Porte de souvenir

3.4.4 PORTE D'UTILISATION

La porte d'utilisation est considérée comme la porte la plus difficile parmi les quatre car elle effectue plusieurs opérations pour obtenir le résultat. Divisons l'opération en deux unités, disons sortie1, sortie2.

La sortie 1 sera calculée en amenant l'entrée du LTM [I-1] à la porte d'oubli et le résultat sera transmis à la fonction Tanh. Alors que la deuxième sortie sera calculée en effectuant une opération sigmoïde avec le STM [I-1], l'événement [i].

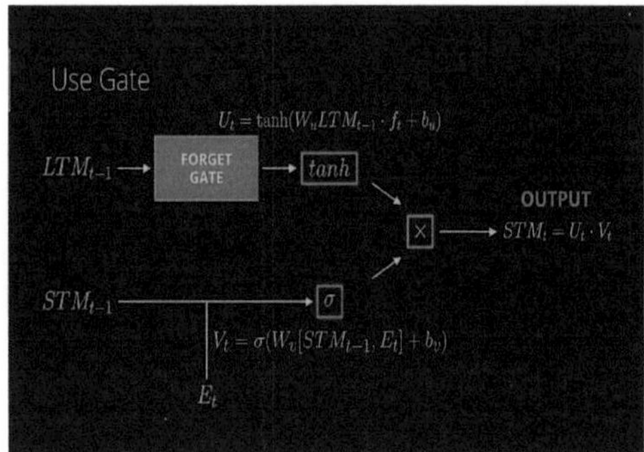

Figure 12 : Utilisation de la porte

Nous avons enfin compris la structure de fonctionnement du décodeur et il va prendre l'entrée et la façon dont il va traiter les caractéristiques et l'introduire dans les portes pour générer la sortie en utilisant des données de vocabulaire. Il est temps de connecter les points et de construire le modèle de décodeur.

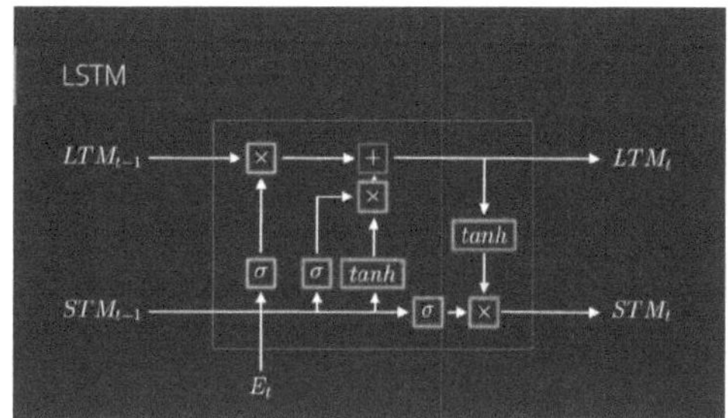

Figure 13 : LSTM

CHAPITRE 4 : CONCEPTION

Dans ce chapitre, nous examinerons les principaux flux d'architecture et de processus pour cette application et nous essaierons de comprendre en quoi cette approche sera bénéfique.

CONCEPTION ARCHITECTURALE

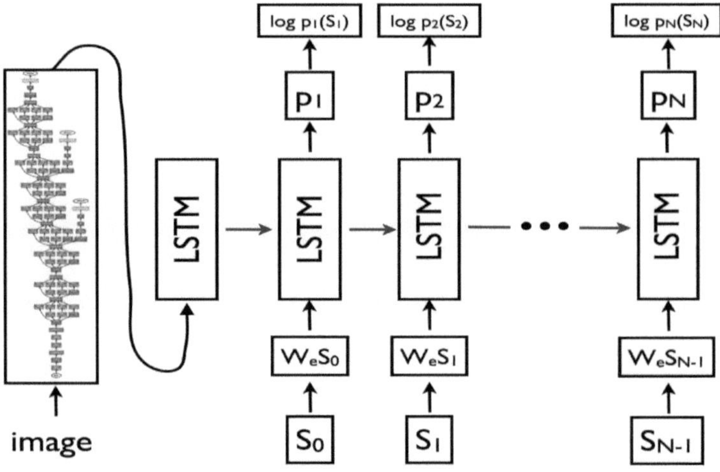

Figure 14 : Architecture

Ce flux d'architecture représente la façon dont nous extrayons les informations des images et les utilisons comme entrée dans l'architecture du codeur et du décodeur pour prédire la sortie. La raison pour laquelle nous utilisons le LSTM est qu'il permet de se souvenir plus longtemps du résultat de sortie.

Le déroulement du processus est décrit par le schéma ci-dessous.

DIAGRAMME DE FLUX DE DONNÉES

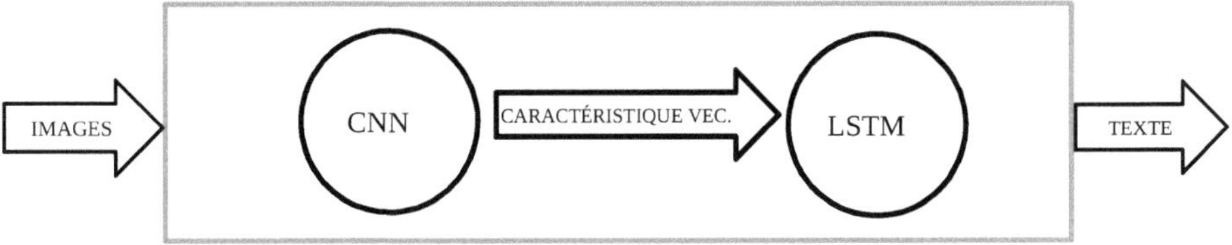

Voici quelques uns des diagrammes relatables pour exprimer l'exécution et le déroulement de la demande. Nous avons des diagrammes de hiérarchie de classe, des diagrammes de cas d'utilisation, des diagrammes de séquence, des diagrammes d'activité, etc.

DIAGRAMME DE LA HIÉRARCHIE DES CLASSES

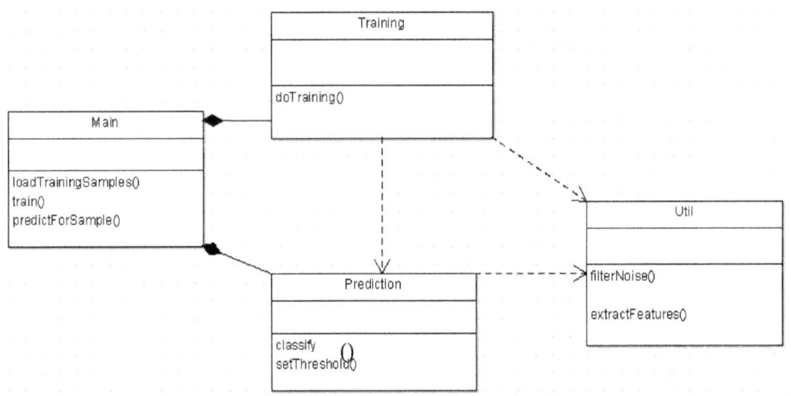

Figure 16 : Diagramme de la hiérarchie

SCHÉMAS D'UTILISATION

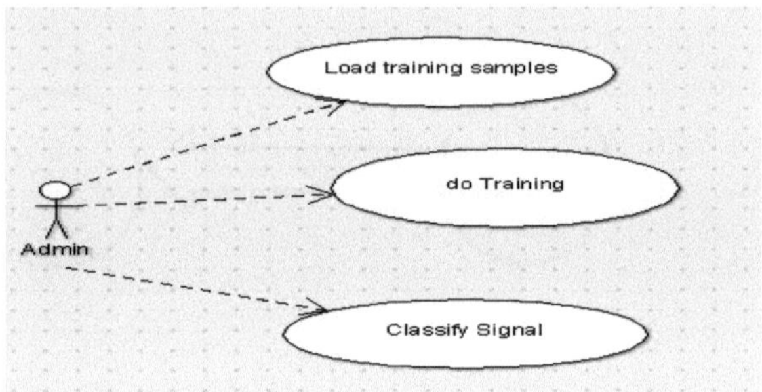

Figure 17 : Diagramme de cas d'utilisation

DIAGRAMMES DE SÉQUENCE

L'interaction entre la classe pour le processus de formation est donnée ci-dessous

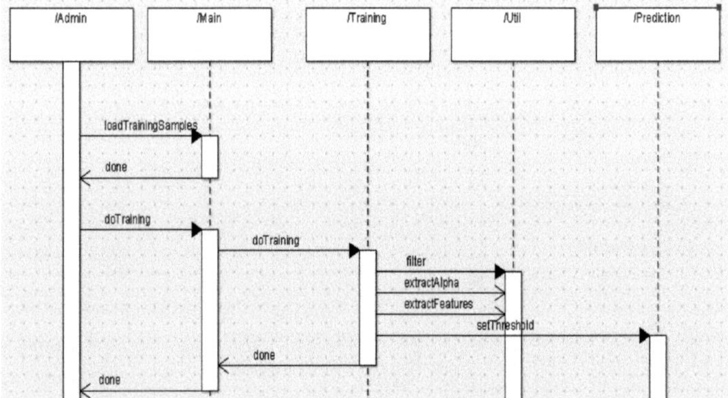

Figure 18 : Diagramme de séquence

DIAGRAMME D'ACTIVITÉ

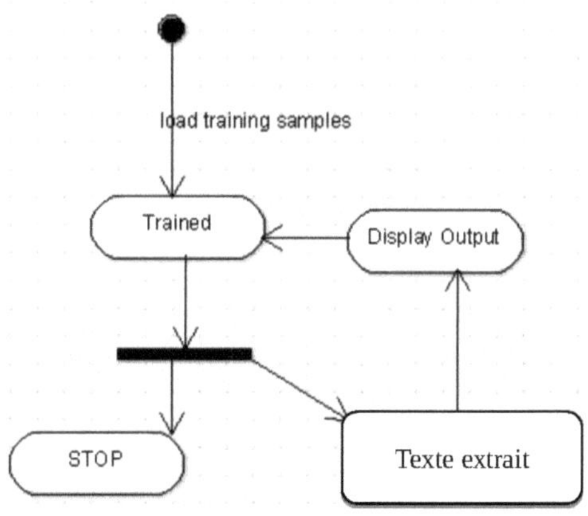

Figure 19 : Diagramme d'activité

CHAPITRE 5 : MISE EN ŒUVRE

MÉTHODOLOGIE

Il y a certaines phases pour le développement de cette architecture de projet qui seront discutées au fur et à mesure. La toute première phase de ce projet est la collecte des données ; nous utiliserons l'ensemble de données COCO de Microsoft et son API pour traiter son format. L'ensemble de données COCO est principalement utilisé dans tous les domaines en raison de sa grande variété. Lors de la collecte d'images, nous devons être très prudents car les données peuvent contenir des anomalies telles que la présence incorrecte d'objets dans l'image, l'image peut ne pas être correctement recadrée ou retournée, c'est pourquoi nous nous occuperons également de cela. Il s'agit du prétraitement de l'image, l'application génère les légendes pour chaque image et pour ce faire, il doit y avoir un ensemble de bibliothèques au format qui peut supporter l'API COCO. Maintenant que l'image est prête, il est temps de visualiser les images présentes dans l'ensemble de données afin de comprendre la variabilité des pixels dans une image et de comprendre les différents canaux d'image tels que R, V, B (rouge, vert, bleu).Après avoir terminé le prétraitement, la phase suivante consiste à développer des modèles tels que l'encodeur et le décodeur, où l'encodeur consiste à extraire des caractéristiques d'architectures populaires telles qu'ImagNet, ResNet, Vgg, AlexNet, etc. qui consistent en de multiples piles de couches de MAXPOOLING et de CONVOLUTION. Cette phase a été lancée par le célèbre scientifique et chercheur Yun Lecun, et le décodeur sera le LSTM, qui prendra en entrée les caractéristiques de l'image extraites de l'encodeur et les traitera avec le vocabulaire pour développer une légende décrivant le scénario de l'image. Le LSTM comprendra un vocabulaire intégré qui sera traité par pack_padded_sequence à l'aide de traitements en langage naturel et produira un texte lisible par l'homme.

La mise en œuvre comprendra également quelques fonctionnalités supplémentaires telles que Text2Speech avec une interface utilisateur graphique, car l'application a beaucoup de potentiel et peut être utilisée dans de nombreuses autres applications et peut être intégrée facilement. Par exemple, un appareil basé sur une application peut être conçu de telle sorte que l'appareil puisse être utilisé pour cliquer sur l'image et que l'application puisse parler de la scène capturée par l'appareil, ce dernier pouvant être très utile pour les personnes malvoyantes.

DESCRIPTION DU PROCESSUS

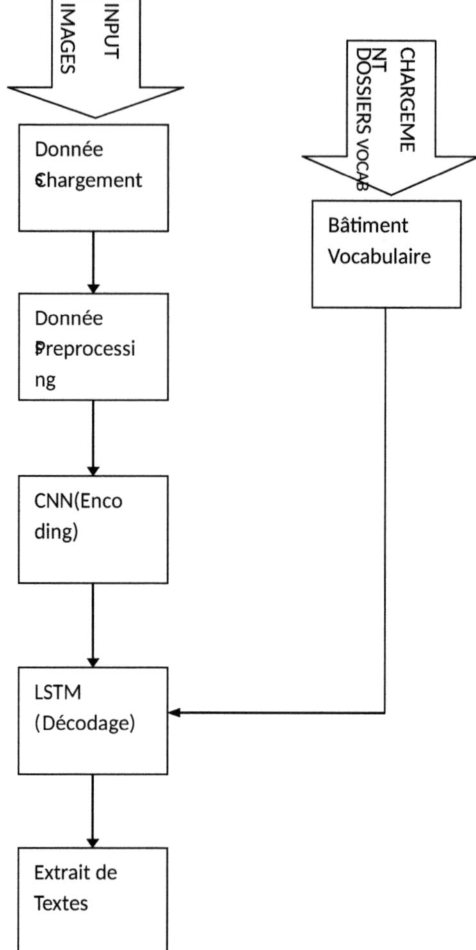

Figure 20 : organigramme du processus

L'organigramme ci-dessus décrit tout le processus nécessaire à l'exécution de l'application, qui sera discuté brièvement et par étapes, de la création du vocabulaire au traitement de l'image et au codeur-décodeur.

La construction du vocabulaire :

La construction du vocabulaire est la phase nécessaire et très initiale de la construction du projet car le décodeur utilisera le fichier de vocabulaire mentionné pour prédire l'incorporation des mots. Le vocabulaire sera construit en utilisant les légendes disponibles dans l'ensemble de formation pour effectuer le traitement tel que la tokenisation, la suppression des mots d'arrêt et la suppression du mot qui se produit avec une fréquence inférieure au seuil prévu.

Le traitement de l'image :

La deuxième phase comprend toutes les étapes de prétraitement de l'image, les bases mêmes étant le redimensionnement, la transformation, la normalisation et la mise à l'échelle de l'image, ce qui sera utile pour le processus d'extraction de caractéristiques. Les autres étapes comprennent le recadrage et le retournement aléatoires pour ajouter la variation de nos données d'entraînement afin qu'elles correspondent davantage à la complexité des données du monde réel.

L'image traitée sera ensuite utilisée dans l'application pour la visualisation d'images telles que l'intensité de la saturation des teintes (HIS).

Le codeur :

Le codeur est l'étape la plus importante du processus car cette étape implique l'extraction de caractéristiques qui seront transmises au décodeur qui aide à prédire les séquences de mots, de sorte que la mauvaise caractéristique conduira à la mauvaise prédiction plus tard. Nous avons utilisé les nombreuses architectures qui sont censées être les meilleures en termes de classification et d'extracteurs de caractéristiques.

Nous avons obtenu les deux résultats filtrés les plus probables tels que VGG19, RESNET-152 et nous avons constaté que l'architecture VGG19 est la plus performante pour les problèmes de type classification, mais que l'architecture RESNET-152 est la plus performante pour la partie extraction des caractéristiques de l'image.

En raison du manque de ressources et de la puissance de calcul réduite, nous avons utilisé une approche spéciale appelée "APPRENTISSAGE TRANSFERT". L'apprentissage transfert permet de fournir des poids préformés de l'architecture qui peuvent être modifiés dans nos problèmes, nous avons donc coupé les couches empilées des couches de convolution et de maxpooling qui doivent ensuite être connectées à la couche fonctionnelle modifiée et, pendant la formation, seuls les poids de la couche fonctionnelle seront modifiés et optimisés et le reste de l'architecture a déjà les poids les plus optimisés.

Le décodeur :

Le décodeur est la dernière phase de calcul de l'application car, dès à présent, toutes les entrées, le vocabulaire, la transformation des données et l'extraction des caractéristiques sont déjà pris en charge. Ainsi, le décodeur prend en entrée le vecteur de caractéristique extrait et est calculé pour l'architecture LSTM qui comprend les quatre portes logiques telles que "Learn gate", "Forget gate", "Remember Gate" et la dernière porte appelée "Use gate".

Le processus met en correspondance les vecteurs de caractéristiques avec le mot qui est présent dans le fichier de vocabulaire. Ainsi, il ne peut prédire que les mots et essaie parfois de trouver les mots apparentés les plus probables qui sont présents dans le fichier de vocabulaire. Ainsi, si nous voulons améliorer les résultats, nous pouvons commencer par améliorer le fichier de vocabulaire.

CHAPITRE 6 : CAS D'ESSAI

ID	Description du cas type	Résultat escompté	Résultat réel	Statut
1	Chargement des images	Données chargées correctement sans les valeurs manquantes	Ensemble de données chargé	Succès
2	Redimensionnement des images par les canaux appropriés	Images redimensionnées	Redimensionnement de l'image effectué	Succès
3	Normaliser les images	L'image normalisée telle que chaque image est de même dimension	L'image normalisée	Succès
4	Créer du vocabulaire	Fichier de vocabulaire généré à partir des légendes de l'ensemble de formation.	Fichier de vocabulaire créé et stocké au format pickles.	Succès
5	Création d'un encodeur	Un codeur qui sera utilisé pour extraire des caractéristiques des images	Une architecture ResNet-152 est créée pour extraire les caractéristiques des images	Succès

| 6 | Créer un décodeur | Un décodeur qui extrait une caractéristique du codeur et produit du texte | Une architecture de décodeur LSTM est créée pour prendre les données de resnet-152 et produire une sortie texte | Succès |
| 7 | Ajout de texte à la fonctionnalité vocale | Un résultat qui exprime le texte généré dans un langage lisible par l'homme | Un module pyttsx utilisé pour la création d'un moteur de synthèse vocale qui prononce le texte généré | Succès |

CHAPITRE 7 : RÉSULTATS

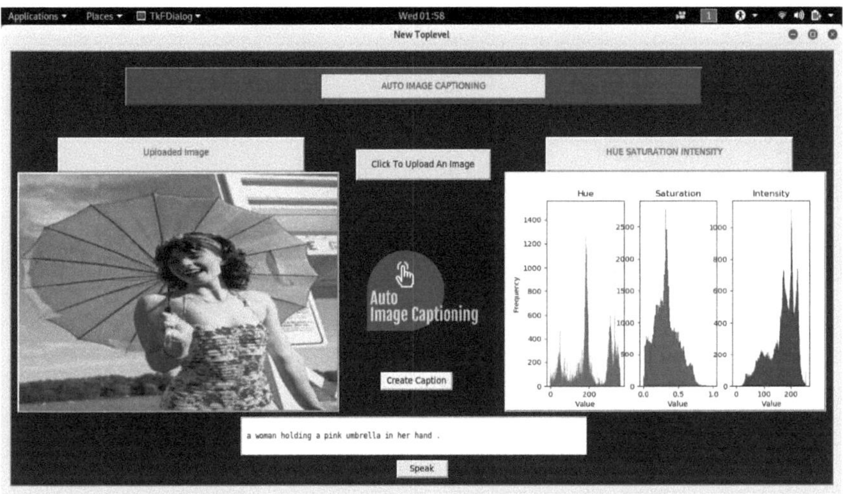

Figure 20 : Gui avec l'exemple 1

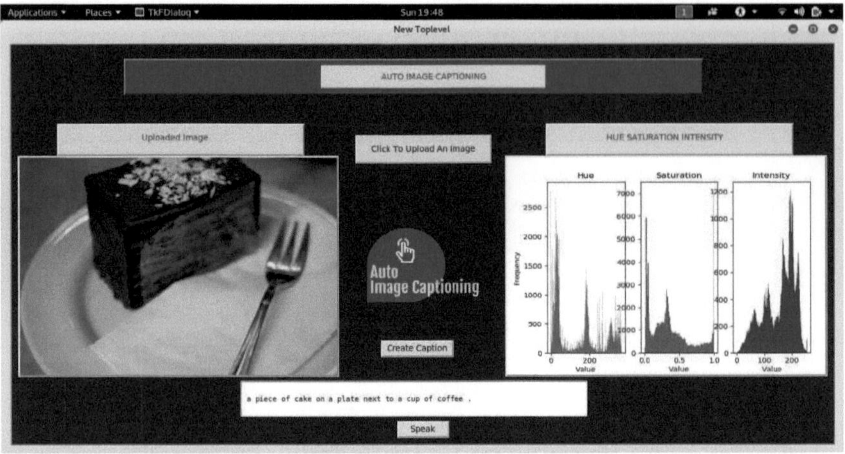

Figure 21 : Gui avec l'exemple 2

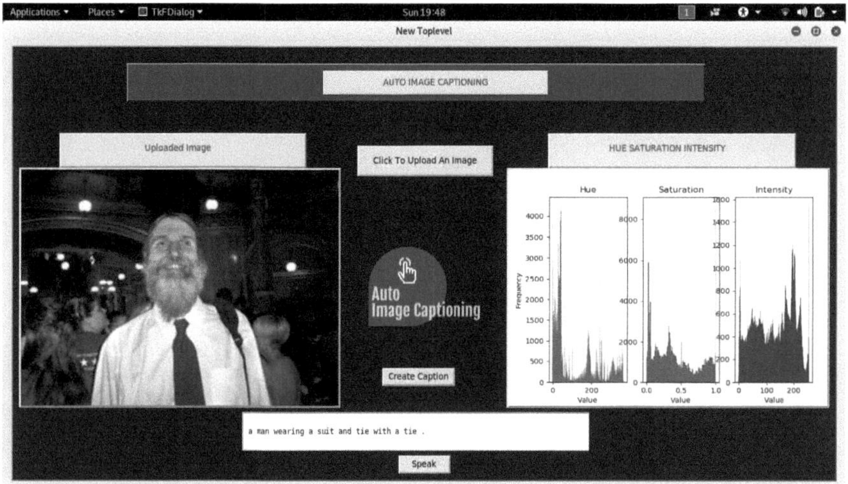

Figure 22 : Gui avec l'exemple 3

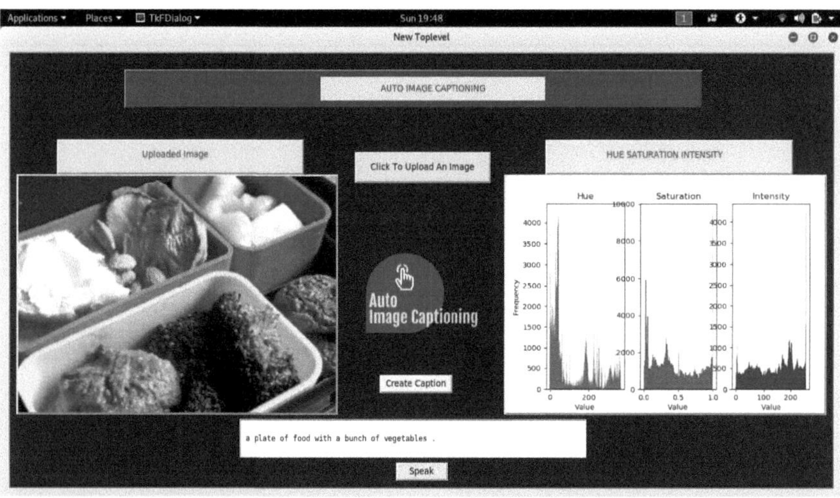

Figure 23 : Gui avec l'exemple 4

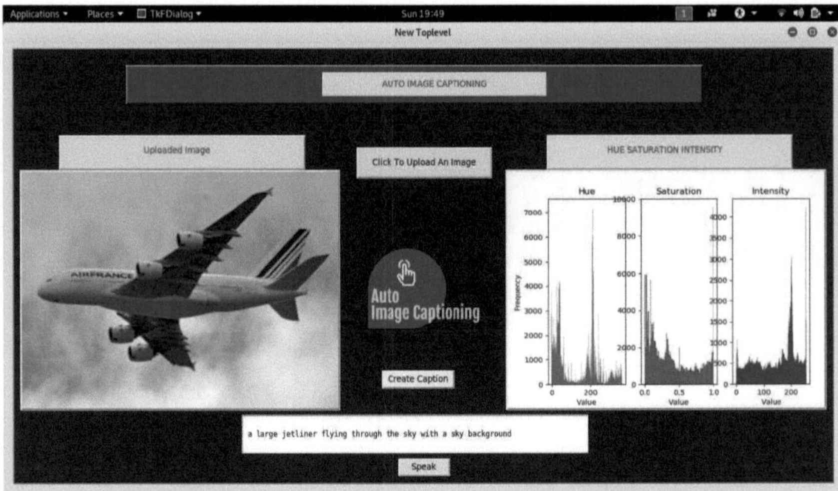

Figure 24 : Gui avec l'exemple 5

CHAPITRE 8 : CONCLUSIONS

Ce système sera capable de générer automatiquement une description raisonnable en langage naturel avec une précision et un naturel plus considérables. Dans ce système, nous utilisons des techniques de traitement du langage naturel (NLP) pour l'exploration de textes de l'ensemble des données de légendes, le traitement des images pour identifier les objets ainsi que la relation entre les objets et les activités auxquelles ils participent.

En outre, l'ensemble des données relatives aux images traitées et aux légendes est introduit dans le RNN (Recurrent Neural Network) pour la formation. Après la création de notre modèle RNN, nous introduisons de nouvelles images aléatoires dans notre modèle de prédiction des légendes des nouvelles images.

Certains défis seront rencontrés lors de la création du système, tels que le déséquilibre des échantillons et les concepts manquants, qui entraînent l'insuffisance de la sémantique pour le sous-titrage des images, ce qui peut être résolu en utilisant un ensemble de données détaillées et de haute qualité.

Cette application consiste également en une fonctionnalité appelée "text to speech" qui n'est rien d'autre que la description orale du texte généré par le logiciel qui peut être utilisé dans une autre application. Cette fonctionnalité est intégrable et peut donc être utilisée dans une autre application pour améliorer sa fonctionnalité.

Pour ... par exemple l'appareil capable de prononcer la description générée à partir de l'image capturée (pour les personnes malvoyantes).

CHAPITRE 9 : BIBLIOGRAPHIE

1] "Cadrage de la description de l'image comme tâche de classement : Data, Models and Evaluation Metrics", Micah Hodosh,PeterYoung,Julia,Hockenmaier,mhodosh2@illinois.edu,pyoung2@illinois.edu,julia hmr@illinois.edu, Department of, Computer Science, University of Illinois, Urbana, IL 61801, USA

[2]

"Image Captioning using Deep Neural Architectures", Conférence internationale de 2017 sur les innovations dans les systèmes d'information et de communication embarqués (ICIIECS)

3] Conférence 2016 de l'IEEE sur la vision par ordinateur et la reconnaissance des formes" Image Captioning with Semantic Attention," Quanzeng You 1, Hailin Jin 2, Zhaowen Wang 2, Chen Fang 2, et Jiebo Luo 11 Département d'informatique, Université de Rochester, Rochester NY 14627, USA 2

Adobe Research, 345 Park Ave, San Jose CA 95110, USA{qyou,jluo}@cs.rochester.edu, {hljin,zhawang,cfang}@adobe.com

Cet article a été accepté pour publication dans un prochain numéro de cette revue mais n'a pas été entièrement édité. Le contenu peut être modifié avant la publication finale. Informations sur les citations : DOI 10.1109/TIP.2018.2855415, IEEE Transactions on Image Processing IEEE TRANSACTIONS ON IMAGE PROCESSING 1 "More is Better : Précision et détail des sous-titres des images grâce au rappel positif en ligne et à l'extraction des concepts manquants" Mingxing Zhang, Yang Yang, Hanwang Zhang, Yanli Ji, Heng Tao Shen, Tat-Seng Chua

5] "LONGUE MÉMOIRE À COURT TERME" Calcul neural 9(8):1735{1780, 1997 Sepp Hochreiter Fakultat fur Informatik Technische Universitat Munchen 80290 Munchen, Allemagne hochreit@informatik.tu-muenchen.de http://www7.informatik.tu-muenchen.de/~hochreit Jurgen Schmidhuber IDSIA Corso Elvezia 36 6900 Lugano, Suisse juergen@idsia.ch http://www.idsia.ch/~juergen

6] Deep Residual Learning for Image Recognition Kaiming He, Xiangyu Zhang, Shaoqing Ren, Jian Sun (Soumis le 10 décembre 2015) arXiv:1512.03385

[7] Apprentissage résiduel profond pour la reconnaissance d'images Kaiming He Xiangyu Zhang Shaoqing Ren Jian Sun Microsoft Research [kahe, v-Xiang Z, v-shren, jiansun } @microsoft.com

8] "Long Short-Term Memory" Journal Neural Computation archive, Volume 9 Numéro 8, 15 novembre 1997 Pages 1735-1780 MIT Press Cambridge, MA, USA table des matières

I want morebooks!

Buy your books fast and straightforward online - at one of world's fastest growing online book stores! Environmentally sound due to Print-on-Demand technologies.

Buy your books online at
www.morebooks.shop

Achetez vos livres en ligne, vite et bien, sur l'une des librairies en ligne les plus performantes au monde!
En protégeant nos ressources et notre environnement grâce à l'impression à la demande.

La librairie en ligne pour acheter plus vite
www.morebooks.shop

KS OmniScriptum Publishing
Brivibas gatve 197
LV-1039 Riga, Latvia
Telefax: +371 686 204 55

info@omniscriptum.com
www.omniscriptum.com

Printed by Books on Demand GmbH, Norderstedt / Germany